爱上数学6

· 除法 ·

U0243037

多多奇遇记

〔韩〕金敬玉 / 著 〔韩〕林志瑛 / 绘 张晓阳 / 译

欢迎大家来到公平国！

云南出版集团 晨光出版社

把卡片撕开吧，
一张变成好几张，
每个人都能多分点儿。

桌子上一共有 8 张卡片，4 个
小伙伴都想玩。

怎样分才能让每个人得到的卡
片数量一样多呢？

你们每个人分一张，
剩下的全归我。

南南、丽丽和多多是三姐妹。

多多最小，姐姐们都很照顾她。她却总是凡事只想到自己，什么东西都想独占。

妈妈烤了三个面包，她一个人全拿走了。

奶奶买回来一大块巧克力，她也一个人吃掉了。

这天，爸爸下班回到家，妈妈忍不住叹着气说："唉，多多这个孩子，这样下去可不行啊！"

孩子只顾自己？孩子不懂分享，
带他来我们的游乐场，
这里有妙招，让你不烦恼。

第二天，爸爸在报纸上看到一则广告："孩子只顾自己？孩子不懂分享？带他来我们的游乐场，这里有妙招，让你不烦恼。"

爸爸顿时瞪大了双眼，这不正是他犯愁的事情吗？他决定立即出发，现在就去！

听说可以去游乐场玩，姐妹三人都高兴得欢呼起来。

爸爸开车带着三姐妹来到了广告上说的地方。可是，眼前一片浓雾，什么也看不清楚。游乐场在哪里？

正当他们不知道该往哪儿走的时候，浓雾突然散开了，游乐场出现在眼前，入口处上方的横幅上写着："欢迎大家来到公平国！"

多多不乐意地嘟囔起来："公平国？这不是游乐场吗？在游乐场里玩，还讲什么公平不公平的！"

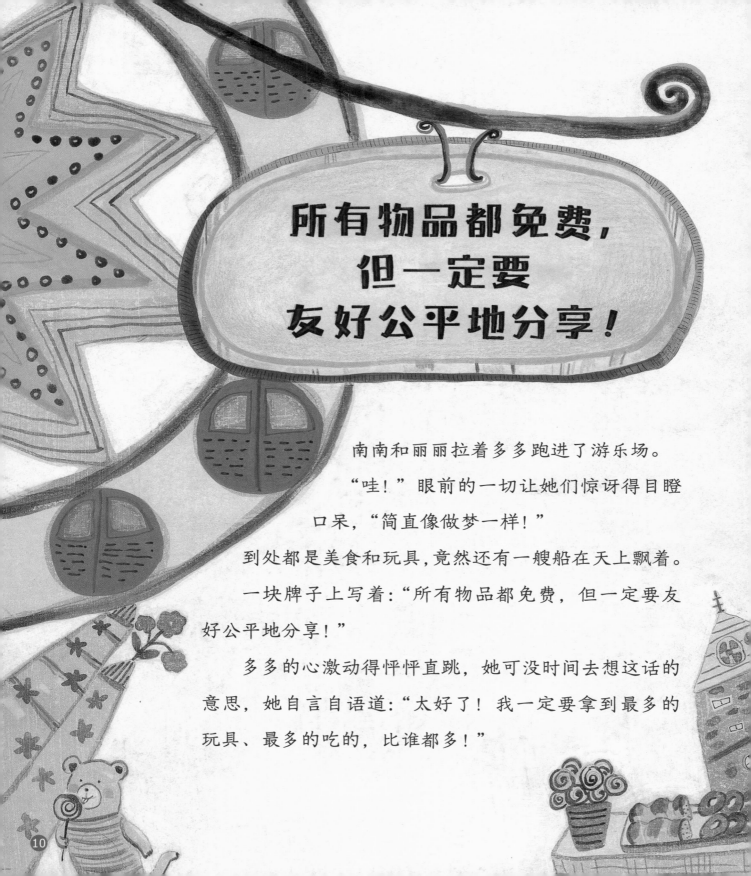

所有物品都免费，
但一定要
友好公平地分享！

南南和丽丽拉着多多跑进了游乐场。

"哇！"眼前的一切让她们惊讶得目瞪口呆，"简直像做梦一样！"

到处都是美食和玩具，竟然还有一艘船在天上飘着。

一块牌子上写着："所有物品都免费，但一定要友好公平地分享！"

多多的心激动得怦怦直跳，她可没时间去想这话的意思，她自言自语道："太好了！我一定要拿到最多的玩具、最多的吃的，比谁都多！"

这时，一位戴着小熊帽子的叔叔骑着独轮车过来了。

"欢迎大家来到公平国！希望你们在这里能遵守规则，愉快玩耍哟！"叔叔一边说，一边给每个小朋友发了一张《公平国游玩须知》。

多多不明白了，既然所有东西都免费，随便拿不就行了，还需要什么规则呢？她匆匆看了一眼手里的游玩须知，心里想的都是怎么样才能比姐姐们拿到的东西多。

帽子叔叔接着说:"这里的规则就是,所有的东西都要公平地分享。"

多多一听就急了,抗议道:"不行!谁拿到的就是谁的,我要比他们拿得都多!"

一张黄牌出现在多多眼前,帽子叔叔举着黄牌说:"你说出这样的话,已经违反了规则。黄牌是警告,如果得到红牌,就要被罚到地洞国去了!"

"啊?地洞国?"多多被吓到了,赶紧捂住了嘴巴。

规则

必须公平地分享。
严重违反规则将会受到处罚,
被赶去地洞国。

玩具商店

爸爸带着三姐妹来到一家玩具店。

玩具店里一共摆放着9个毛绒玩具。

大姐南南说："我们姐妹是3个人，把这9个玩具平均分成3份，每人拿1份就可以啦！"

二姐丽丽说："我知道，每个人分3个。"说着，她递给多多3个毛绒玩具。

多多很想从南南那再抢1个，可是，看着姐姐们都把玩具收进了书包，她也只好跟着这样做了。

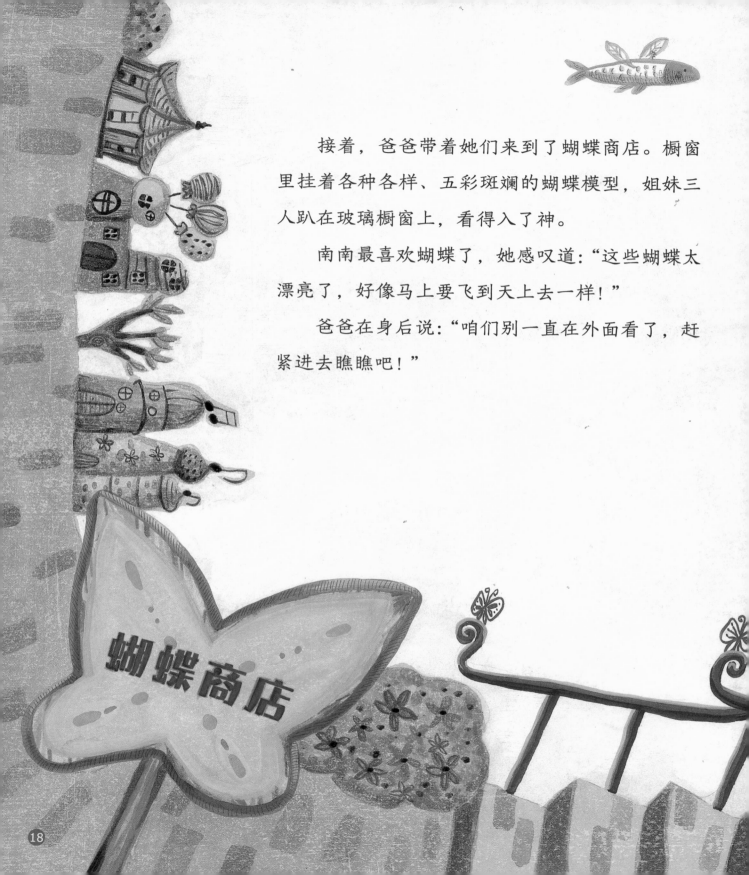

接着，爸爸带着她们来到了蝴蝶商店。橱窗里挂着各种各样、五彩斑斓的蝴蝶模型，姐妹三人趴在玻璃橱窗上，看得入了神。

南南最喜欢蝴蝶了，她感叹道："这些蝴蝶太漂亮了，好像马上要飞到天上去一样！"

爸爸在身后说："咱们别一直在外面看了，赶紧进去瞧瞧吧！"

蝴蝶商店

商店里已经有 4 个小朋友在挑选蝴蝶模型了，加上多多和姐姐们，一共 7 个人。

　　可是，只剩下最后 16 个蝴蝶模型了，要怎么分，才能公平地分享呢？

　　南南不慌不忙地说："咱们试试把 16 除以 7，看每个人能得到几个。"

就这样，每个小朋友得到了 2 个蝴蝶模型，橱窗里还剩下 2 个。

多多忍不住凑上前，慢慢地伸出了手。

爸爸拽住了她，小声地说："多多，你已经拿了你的那份，别忘了要遵守规则！"

最后，他们来到了卡片商店。商店里一共有 30 张卡片，算上姐妹 3 人，一共有 20 个小朋友在等着分卡片。

按照之前的方法，30 张卡片平均分，每个小朋友得到了 1 张。

突然，一个小男孩挤上前来，抓起剩下的 10 张卡片就跑。这下其他的小朋友可不干了，纷纷朝他追去。多多也尖叫着边跑边喊："我也要！我也要！你不能比我多！"

　　"多多，快回来！违反规则是要受……"南南的话还没说完，骑着独轮车的帽子叔叔已经吹着哨子冲了过来。

　　"你们这些孩子，全都犯规了！红牌！红牌！"

　　一时间，地面出现了一个大洞，刚刚还在你追我赶的孩子们，全都掉进了漆黑的地洞里。

　　"啊！快救救多多！"丽丽着急地喊道。

地洞国里一片漆黑，耳边只有呜呜的风声，
孩子们被大风吹到半空中，没有办法落到地面。
即使是这样，他们也没有停止争吵和抢夺。
"这个玩偶是我的！"
"你松手！这些都是我的！"
"你不能拿这么多，给我！"

多多听着孩子们吵吵嚷嚷，争抢不休，终于忍不住大喊了起来："别吵了！平分不就行了吗！"可是，没有人回应她。

多多开始想念公平国了。在那里，大家和睦相处，谁也不多拿玩具，从来不吵架。

"万一一直被困在这里可怎么办？这里太黑了，太吵了！我愿意和大家公平地分享，我想回家！"多多越想越害怕，忍不住哭了起来。

突然，多多的头顶上方闪现出一片亮光，
一根绳子缓缓地放了下来。
　　多多扯着嗓子朝上面大喊："有人吗？谁
来帮帮我？爸爸！南南姐姐！丽丽姐姐！"

地洞上方真的传来了爸爸的声音，"多多，快抓住绳子！"

其他的孩子也停止了争吵，循着声音抬头望去。

大家抓住绳子，终于离开了地洞国。

回到公平国，多多扑进爸爸的怀里，说："爸爸，姐姐，我错了！我不应该什么东西都想独占，还是公平国好，大家都能得到自己的一份！"

那天后，多多像变了一个人似的，不管家里有什么好吃的，她都喊上姐姐们一起吃。她发现，和姐姐们一起分享，有一种她以前从来没吃过的——奇妙味道！

让我们跟多多一起回顾一下前面的故事吧！

我是多多。以前，我是个凡事只会想到自己的孩子，总想比姐姐们多吃点儿、多拿点儿。自从爸爸带我去了公平国，我感受到了和大家分享的快乐。现在，不管什么好吃的，好玩的，我都会和姐姐们一起分享。

不过，并不是所有的东西都可以被平均分配，有时平均分后，还会剩下一些，这些剩下的部分就叫作"剩余"。在公平国里，"剩余"的东西必须放在原来的地方，谁也不能随意拿走。

下面，我们一起来学习更多与除法有关的知识吧！

数学面对面

数学概念	认识除法	36
身边的数学	生活中的除法	40
趣味小游戏1	挑选礼物篮	42
趣味小游戏2	一起来吃三明治	43
趣味小游戏3	逃出地洞国	44
趣味小游戏4	美味下午茶	45
趣味小游戏5	看谁算得对	46
趣味小游戏6	游乐园大闯关	47
参考答案		48

认识除法

商店里陈列着 12 顶帽子。阿虎想要把这些帽子都收起来，如果每个箱子里可以装 3 顶帽子，那么他需要准备几个箱子呢？这时候用除法就可以很容易地解决问题了。

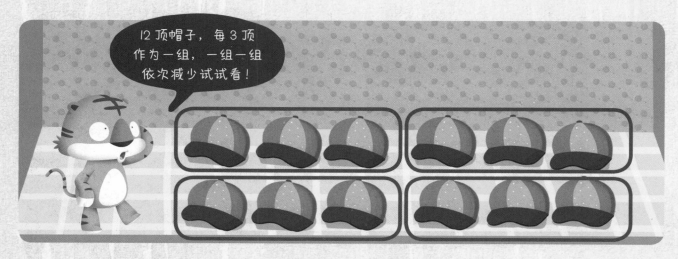

> 12 顶帽子，每 3 顶作为一组，一组一组依次减少试试看！

首先，我们对 12 顶帽子进行分组，每 3 顶帽子为一组。然后我们来试着做一个减法，从 12 顶帽子中每次减去一组，也就是 3 顶，一直减到一组都不剩。

$$12 - 3 - 3 - 3 - 3 = 0$$

从 12 中减去 3，减了 4 次之后就会变成 0。这个过程同样也可以用除法来表示。

$$12 \div 3 = 4$$

> 原来阿虎需要准备 4 个箱子。

上面这个算式读作"12 除以 3 等于 4"。算式中的 ÷ 就是除法使用的符号。4 是 12÷3 的"商"，这里的商指的是，用 12 每次减去 3，一共可以减 4 次的意思。也就是从 12 中每次减少 3，结果为 0 时需要减少的次数。

小粉想把 6 个菠萝平均放在 2 个盘子里。请问一个盘子里要放几个菠萝呢?

把菠萝一个一个地
依次轮流放进 2 个盘子里
就可以了呀。

　　要想把 6 个菠萝平均装在 2 个盘子里,每个盘子要放 3 个菠萝。小朋友,你可以用除法算式把这个过程表示出来吗?

$$6 ÷ 2 = 3$$

　　这个算式读作"6 除以 2 等于 3"。3 是 6 除以 2 的商。这里的"商"表示的是,把 6 个菠萝平均分为 2 份,每份是 3 个的意思。

　　像计算 🧢 和 🍍 时这种除完之后没有剩余的情况,叫作"整除"。12 可以被 3 整除,6 可以被 2 整除。

下面我们来一起学习不能被整除的除法。

小粉一共有 13 块橡皮，她想把这些橡皮分给自己的朋友们。如果给每个小朋友分 5 块橡皮，那么一共可以分给几个小朋友呢？

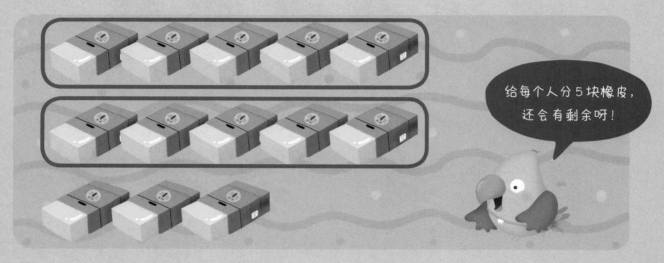

把 13 块橡皮分给每个小朋友 5 块，还会余下 3 块。用横式和竖式表示，分别是：

横式　　　$13 \div 5 = 2 \cdots 3$

竖式

如果你想知道除法计算的商和余数是否正确，那么你只需要进行验算就可以了。为了验证计算结果是否正确而进行的计算叫作"验算"。

除法的验算

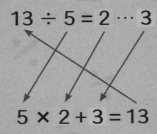

$$13 \div 5 = 2 \cdots 3$$

$$5 \times 2 + 3 = 13$$

平时养成验算的好习惯，有助于减少失误哟！

验算：（除数）×（商）+（余数）=（被除数）

如果验算的结果和被除数相同的话，那么就表示除法计算的结果是正确的。

加减乘除混合运算

　　如果遇到加法、减法、乘法、除法混合在一起的算式，我们应该如何进行计算呢？对于这样的混合运算，要先算乘法和除法，再算加法和减法。但是，如果算式中出现了括号，就要先算括号里的。

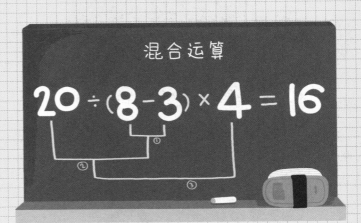

混合运算

$$20 \div (8 - 3) \times 4 = 16$$

生活中的除法

　　除法并不是只在数学世界里才有。跟朋友分享好吃的零食、计算速度时都可能会用到除法。在我们的生活中，你还能想到其他会用到除法的场合吗？

 **政治**

三权分立

　　在西方，国家的权力机关根据各自负责的国家事务的不同大体上分为三个部分：负责国家日常事务的行政部门（政府）、代表国民制定法律并监督行政部门工作的立法部门（国会），以及在发生争议时裁决纠纷的司法部门（法院）。这三个部门把一个国家的最高权力平分，防止国家权力向任何一方倾斜，这种制度就叫作"三权分立"。

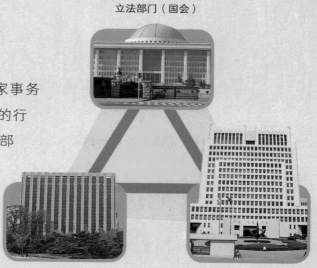

立法部门（国会）

行政部门（政府）　　　　司法部门（法院）

 **社会**

环保运动

　　1997年，受亚洲金融风暴影响，亚洲一些国家经历了一场前所未有的经济危机。为了挽救国家的经济，很多国家的国民都做出了各种努力。比如为了减少不必要的开支，韩国发起的"省分换重"运动，即省着使用、分着使用、换着使用和重复使用。"省分换重"运动在环境保护方面也起到了积极作用。

"喜鹊饭"和"十匙一饭"

　　所谓"喜鹊饭",指在冬天为了让找不到食物的鸟有东西吃,人们不摘完树上的果子。"十匙一饭"则说的是10个人每人少盛1勺饭,积攒起来就可以多出1碗饭的意思。也就是说,只要每个人都能献出自己的一份力量,那么大家齐心协力、积少成多,就能给陷入困境的人提供帮助。"喜鹊饭"和"十匙一饭"都是韩国的俗语。

🧪 **科学**

猎豹的速度

　　猎豹是世界上跑得最快的动物,它的速度可以达到每秒30米。人类快速奔跑时的速度差不多是每秒8米,汽车高速行驶时的速度可以达到每秒20米。这样一比,你就知道猎豹跑得有多快了吧?那么,猎豹的速度是怎么测出来的呢?速度是一段时间内跑的路程除以花费时间后得到的商。如果猎豹在2秒钟内跑了60米,那么它的速度就是每秒30米。

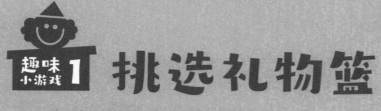

趣味小游戏 1 挑选礼物篮

老师正在挑选礼物，准备送给 3 个小朋友。如果想让每个小朋友得到的礼物数量相同，且这种礼物无剩余，他应该选哪些礼物篮呢？请你帮他找一找，并圈出来吧。

挑选哪个礼物篮才能公平地把礼物分给 3 个小朋友呢？

一起来吃三明治

一家 5 口在公园里野餐，他们带了 16 个三明治，请你把最下方的三明治沿着黑色实线剪下来，平均分给他们，并贴在盘子里。如果有剩下的三明治，请送给戴小兔子发箍的小朋友，也帮她贴在盘子里吧。

谢谢你们送给我这么美味的三明治。

趣味小游戏3 逃出地洞国

小朋友们想要帮助一个没能从地洞国里逃出来的小伙伴。只要沿着商为 2 的除法算式走，就能到达出口，你也来一起帮帮他吧！

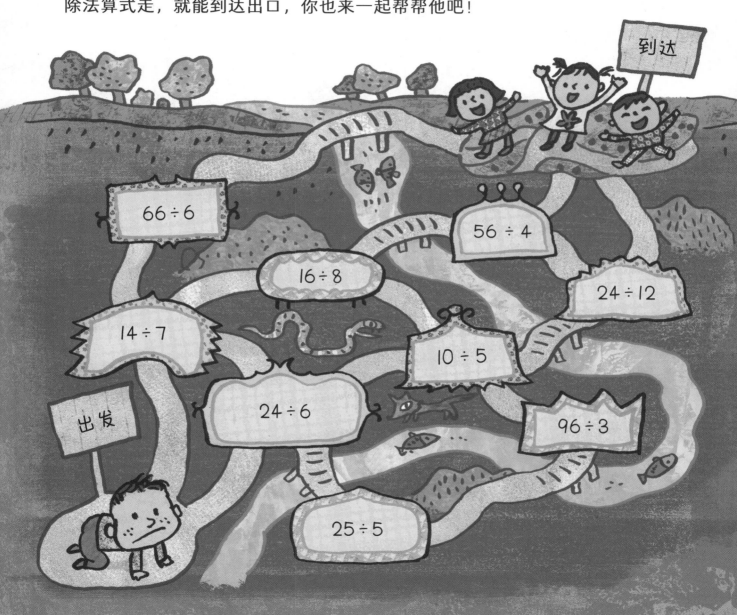

美味下午茶 趣味小游戏4

下午茶时间到了！4个小朋友给班里的同学们分点心。根据每个小朋友说的话，仿照示例中的做法，用〇进行分组，再找出正确的算式用线连起来。

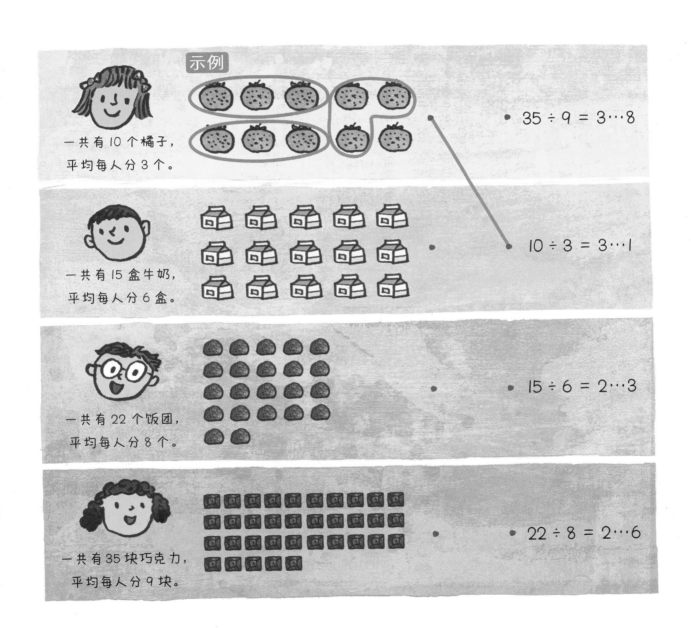

示例

一共有10个橘子，平均每人分3个。

一共有15盒牛奶，平均每人分6盒。

一共有22个饭团，平均每人分8个。

一共有35块巧克力，平均每人分9块。

$35 \div 9 = 3 \cdots 8$

$10 \div 3 = 3 \cdots 1$

$15 \div 6 = 2 \cdots 3$

$22 \div 8 = 2 \cdots 6$

看谁算得对

　　4个小朋友列竖式算除法，他们算得对吗？在正确的竖式旁打"√"，错误的打"×"。再沿着绳子分别走一走，找到对应的验算算式，看看你判断得是否正确。

$$9 \times 9 + 1 = 82$$

$$4 \times 24 + 2 = 98$$

$$7 \times 8 + 4 = 60$$

$$3 \times 9 = 27$$

游乐园大闯关

阿虎、小兔和阿狸一起去了游乐园的鬼怪屋。根据鬼怪展示的词语和除法算式，像阿虎那样想出一道符合要求的数学题，就可以安全地离开这里了。

苹果，箱子　25÷5

这里一共有25个苹果，如果把这些苹果分别装在5个箱子里，那么每个箱子里可以装多少个苹果？

书，书包　30÷3

帽子，抽屉　44÷4

参考答案

42~43 页

小朋友们每人可以得到3颗糖果，2个小熊玩偶。

44~45 页

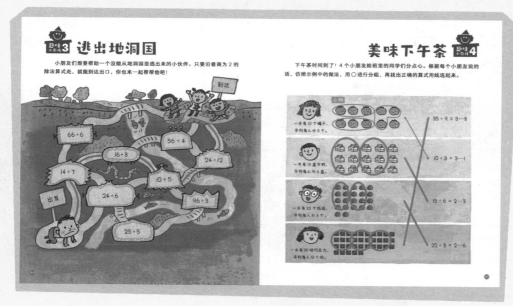